Arturo Aguilar

Control de Nematodos

Arturo Aguilar

Control de Nematodos

Efectos de extractos vegetales sobre la población del Nematodo de la agalla Meloidogyne spp en el cultivo de zanahoria

Editorial Académica Española

Imprint
Any brand names and product names mentioned in this book are subject to trademark, brand or patent protection and are trademarks or registered trademarks of their respective holders. The use of brand names, product names, common names, trade names, product descriptions etc. even without a particular marking in this work is in no way to be construed to mean that such names may be regarded as unrestricted in respect of trademark and brand protection legislation and could thus be used by anyone.

Cover image: www.ingimage.com

Publisher:
Editorial Académica Española
is a trademark of
International Book Market Service Ltd., member of OmniScriptum Publishing Group
17 Meldrum Street, Beau Bassin 71504, Mauritius
Printed at: see last page
ISBN: 978-620-0-34437-3

DEDICATORIA

A Dios, mis padres Jorgelina Oviedo y Sixto Aguilar, por todo el apoyo y ánimo recibido, y a todas las personas que apoyaron mi formación durante este caminar universitario.

Agradecimientos

- A Dios por iluminarme en este camino y guiarme en los momentos más difíciles y complicados de la carrera

- A mis padres Sixto Aguilar y Jorgelina Oviedo, a mi hermana Edith Aguilar y a todos los familiares por apoyarme desde el principio y por todas las palabras de ánimo y fuerza.

- Al equipo de docentes de la FIA-UNE, por la dedicación y el esfuerzo puestos en la labor de transmitir conocimientos impartidos.

- A la Ing. Agr. Felicita Fernández por toda la ayuda, paciencia y gran apoyo que me ofreció durante todo el proceso del trabajo de investigación.

- A mi orientadora Prof. Ing. Agr. Laura González Cantero por ser un guía, apoyo y sobrellevar con paciencia todo este proceso.

- Gracias todas aquellas personas que de alguna u otra manera pusieron su grano de arena en todo este camino para alcanzar esta ansiada meta.

ÍNDICE GENERAL

Lista de tablas

Lista de anexo

RESUMEN

AGUILAR OVIEDO, Arturo Abel. **Efectos de extractos vegetales sobre la población del nematodo de la agalla *Meloidogyne spp*.** 2019. 46p Tesis de Grado – Facultad de Ingeniería Agronómica

El trabajo presentado se realizó en el distrito de Minga Guazú, Departamento de Alto Paraná, Paraguay, se evaluaron diferentes extractos vegetalespara el control del Nematodo de la agalla *Meloidogyne spp.* como alternativa de control económica y menos contaminantes para el suelo, de forma preliminar se realizó un trabajo en laboratorio para determinar los extractos que afectan la mortalidad de los nematodos, se estudiaron ocho, Tártago, Botón de Oro, Ruda, Coniza, Leucaena, Cola de caballo, Crotoraría, y Sapirangy, de estos los que obtuvieron mayor mortalidad fueron; tártago con 90% de control, seguido del Botón con oro 82.5%, Ruda 80% y Coniza con 75%, posteriormente se realizó el trabajo a invernadero en macetas con el cultivo de zanahoria, teniendo en cuenta la variable de reducción de población de nematodos, largo de raíz, peso, ancho de hombro y calidad de la raíz. El diseño utilizado fue completos al azar con 5 tratamientos y 5 repeticiones, 25 unidades en total, en cuanto a la reducción se tuvo resultados estadísticamente significativos con el testigo y siendo el T3 Botón de oro con mayor efectividad, en cuanto las otras variables largo, ancho de hombro y calidad no se tuvo diferencias significativas.

Palabras claves: Nematodos, extractos vegetales, población de nematodos

ABSTRACT

AGUILAR OVIEDO, Arturo Abel. **Effects of plant extracts on the population of the gall nematode Meloidogyne spp.** 2019. 46p Thesis of Grade – Facultad de Ingenieria Agronomica

The work presented was carried out in the district of Minga Guazú, Department of Alto Paraná, Paraguay. Different plant extracts were evaluated for the control of the gall nematode *Meloidogyne spp.* this in search of economic control alternatives and less polluting for the soil, in a preliminary work was done in the laboratory to determine the extracts that affect the mortality of the nematodes, eight were studied, Tártago, tagetes, Ruda, Coniza, Leucaena, Horsetail, Crotoraria, and Sapirangy, of these those who got the most mortalidsd were; spurge with 90% control, followed by tagetes with 82.5% , Ruda 80% and Coniza with 75%, later work was carried out in greenhouse in pots with carrot cultivation, taking into account the variable of nematode population reduction , root length, weight, shoulder width and root quality. The design used was complete at random with 5 treatments and 5 repetitions, 25 units in total, in terms of reduction, there were statistically significant results with the control and the T3 tagetes was more effective, while the other variables were long, Shoulder width and quality did not have significant differences.

Keywords: Nematodes, vegetable extracts, population of nematodes

I. INTRODUCCIÓN

El cultivo de la zanahoria es una alternativa de renta para pequeños y medianos productores, cuya comercialización en fresco debe reunir características de calidad y sanidad.

Para lograr la calidad requerida en el mercado es necesario un buen manejo del cultivo, suelo, control de plagas y enfermedades, entre las plagas que afectan la calidad y sanidad están los nematodos, cuyos síntomas son desconocidos por los productores y el manejo del mismo es inadecuados para el control.

Uno de las especie más común y perjudicial para el cultivo de la zanahoria es *Meloidogyne*, este cultivo es susceptible a esta plaga causandode formaciones en el fruto lo que hace perder totalmente su valor comercial.

El síntoma en las plantas es la formación de agallas o nudosidades como consecuencia de la hipertrofia e hiperplasia de los tejidos, presentan síntomas visibles como enanismo, clorosis, marchitez, falta de vigor, caída de flores y bajos rendimientos.

Existen alternativas que han venido a ocupar un papel importante en la sustitución de nematicidas para el manejo de nematodosfitoparásitos, fundamentalmente *Meloidogyne*, se destacan el uso de enmiendas orgánicas a base de estiércoles, residuos agroindustriales, restos de cosechas y el control biológico.

Otra técnica de manejo de nematodos que se viene estudiando son el uso de extractos de especies de plantas, estas presentan ventajas sobre el resto de métodos de control, pueden ser menos tóxicos, tienen una biodegradación rápida, es de amplia distribución en nuestro medio y es una alternativa más económica.

Para el control de nematodos es necesario buscar alternativas ecológicas de control ya que es una plaga que se encuentra en el suelo y es difícil de erradicar, los controles químicos pueden causar daños al suelo y eliminar otros organismos benéficos, a causa de esto se viene estudiando métodos como el control biológico, rotación de cultivos y uso de extractos vegetales que tiene efectos nematicidas.

Investigaciones reportan que las propiedades nematicidas de algunas plantas se relacionan directamente con el contenido de ciertos químicos que resultan tóxicos a los nematodos como fenoles, taninos, azadirachtinas, ricinas alcaloides y glicosidos, entre otros.

En el mundo existen enormes costos sociales, ambientales, epidemiológicos y económicos que envuelven el uso de insecticidas y nematicidas sintéticos, esto ha promovido la investigación multidisciplinar por nuevas alternativas en el control de vectores y plagas agrícolas, entre estas alternativas se hace énfasis en la investigación por descubrir nuevos bioinsecticidas y control biológico para reducir todos los daños ya mencionados

Siendo el uso de extractos vegetales una alternativa de control interesante, será realizado el estudio y se evaluaran distintas especies de plantas en extractos acuosos para determinar su control y efectividad sobre la reducción de la población del nematodo agallador de la raíz *Meloidogyne* en el cultivo de zanahoria *Daucus carota* en base a este problema en el presente trabajo se buscará resultados que podrían dar más métodos de control alternativos y además mejorar producción y calidad del producto.

II. OBJETIVOS

2.1. Objetivo General

- Evaluar el efecto de extractos vegetales sobre la población del Nematodo de la agalla *(Meloidogyne spp)* en el cultivo de zanahoria *(Daucus carota)*

2.2. Objetivos Específicos

- Determinar los extractos vegetales que afecten la actividad de *Meloidogyne spp*, en pruebas de laboratorio
- Evaluar la reducción de la población de *Meloidogyne spp* con distintos extractos en invernadero.
- Evaluar rendimiento del cultivo de la zanahoria(Largo, peso, ancho de hombro)

III. REVISIÓN DE LITERATURA

La palabra nematodo, proviene de los vocablos griegos *nema* que significa "hilo" y *eidésuoidos*, que significan con aspecto de, son animales filiformes con cuerpo sin segmentos y más o menos transparentes, cubiertos de una cutícula hialina, la cual está marcada por estrías u otras marcas; son redondeados en sección transversal, con boca, sin extremidades u otros apéndices, muchos son parecidos a lombrices o con forma de anguila.(GUZMÁN; CASTAÑO; VILLEGAS, 2009)

Las pérdidas de cosecha anuales estimadas debidas a nematodos fitoparásitos en la producción agrícola mundial se aproxima al 11 % y en términos absolutos las pérdidas económicas anuales se calculan en torno a los 100 billones de dólares (AGRIOS, 1996). Entre los cultivos más directamente afectados destacan los de tomate, banana, cacahuete, tabaco, café, cacao, algodón, coco, soja y en regiones templadas principalmente los de cereales, patata, remolacha, maíz y judías y demás hortícolas

3.1. Nematodo de la raíz *(Meloidogyne incognita)*

Los nematodos del género Meloidogyne, se encuentran en todo el mundo atacando más de 2000 especies vegetales, en las cuales se incluyen la mayoría de plantas cultivadas. En las regiones cálidas, las especies más comunes son: *Meloidogyneincognita, M. javanica, M.arenaria, M. hapla, M. exigua* y *M. acornea* (JENKINS; TAYLOR, 1967; CAMPOS et al., 1990; VOLCY, 1998; KARSSEN; MOENS, 2006).

Se ha informado que las pérdidas provocadas por Meloidogyne spp. Se estima entre 17-20 % en berenjena, 18-33 %en melón y de 24-33% en tomate (NETSHER; SIKORA, 1990).

Monitoreos realizados por Pedrozo; Guillen y Trabuco (2008) en los departamentos de Alto Paraná, Itapuá, Caaguazú, Amambay y Canindeyú, constataron a presencia del nematodo formador de agalla *Meloidogynespp.* esto en campos de cultivo de soja.

La especie de Meloidogynespp. Nematodo que causa agallas de la raíz son endoparásitos sedentarios. Su producción ocurre solamente cuando el segundo estadio larval infectivo penetra en las raíces u otras partes subterráneas de la planta, migra por el interior de las raíces sin romperlas células, e inicia el desarrollo de las células gigantes en las cuales pueden alimentarse y desarrollarse hasta convertirse en hembras que producen huevos. Los huevos eclosionan dando origen a una nueva generación de larvas infectivas del segundo estadio. (TAILOR; SASSER, 1983)

Los nematodos adultos macho y hembra del nódulo de la raíz sonfácilesde distribuir morfológicamente. Los machos son vermiformes ymiden aproximadamente de 1.2 a 1.5 mm de largo por 0,30 a 0,36 mm de diámetro. Las hembrastienen forma de pera y un tamaño aproximado de 0.40 a 1.30 mm de largo por un ancho de 0.27a 0.75 mm. Cada hembra deposita aproximadamente 500 huevecillos en una sustanciagelatinosallamada matrix. (AGRIOS, 1996)

El síntoma en las plantas es la formación de agallas o nudosidades como consecuencia de la hipertrofia e hiperplasia de los tejidos. Las plantas presentan síntomas visibles como enanismo, clorosis, marchitez, falta de vigor, caída de flores y bajos rendimientos. El ciclo de vida de *M. incognita*en tomate es de 20-30 días. (TRIVIÑO, 2004)

Los nematicidas químicos sintéticos han jugado un papel importante en tratar de disminuir el impacto de los nematodos, pero, debido a que existen cada vez más restricciones para su utilización, especialmente por su alta toxicidad, la tendencia actual es la de buscar y emplear otras alternativas de control, que sean sustentable menos dañinas (ABALLAY, 2005)

Por esas razones, métodos alternativos de control han sido estudiados, como el uso de extractos de diferentes especies y partes de plantas con propiedades nematicidas (NEVES et al., 2005).

3.2. Extractos botánicos

Buscando controlar a los nematodos fitoparasíticos, con criterios ecológicos y económicos, muchos investigadores han realizado aportes importantes sobre los efectos nematicidaso nematostáticos de algunas plantas, de las cuales se usan hojas, semillas y raíces en forma de extractos acuosos o simplemente como abono verde, obteniendo resultados prometedores (VINUEZA; CROZZOLI; PERICHI, 2006)

La actividad nematicida de algunas especies vegetales es atribuida a la producción de compuestos tóxicos cuando estas plantas son dañadas o descompuestas. Compuestos llamados glucosinalatos no son tóxicos hasta que entran en contacto con la mirosinasa, la cual se encuentra dentro de los tejidos de la planta, esta lo lleva a la producción de sustancias toxicas principalmente isothiocianatos y nitrilos (ABALLAY, 2005)

Reina; Crozzoli y Greco., (2002) reporta que las propiedades nematicidas de algunas plantas se relacionan directamente con el contenido de ciertos químicos que resultan tóxicos a los nematodos como fenoles, taninos, azadirachtinas, ricinas alcaloides y glicosidos, entre otros. El efecto nematicida de *Calostropis procera,* probablemente están ligado a su contenido de heterosidos cianógenos, estas sustancias liberan ácido cianhídrico al ser hidrolizadas. Este acido es una de las sustancias más venenosas que existen en la naturaleza (GONZALEZ; CROZZOLI; GRECO, 2001)

Los extractos de hojas y los aceites esenciales de plantas como *Calotropis gigantea* (L.) R. Br., *Datura stramonium*L., *Leucaena leucocephala*L. y *Tridaxprocumbes*L., causan alta mortalidad de *Meloidogyneincognita*(Kofoid& White) Chitw. en concentraciones de 500 y 1000 ppm. (MANI, 1989)

Algunos estudios realizados en Venezuela con extractos acuosos y abono verde de *Cyperusrotundus*L., *Calotropisprocera*(Ait.) R. Br. y *Leucaenaleucocephala,*señalan el efectivo control sobre *M. incognita*de *C. procera* (82,3% de mortalidad), comparable con el control logrado con el nematicidacarbofuran(GONZALEZ et al., 2001)

Stelinget al., (2004) comprobaron el efecto nematicida que posee la ruda (*Ruta graveolens*L.) sobre *M.incognita* en el cultivo de pepino. Asimismo, Sánchez (2004) comprobó que las hojas de *C. procera* aplicadas como abono verde a razón de 10 ton/ha controlan efectivamente a *M. incognita*

Vinueza et al.,(2006)comprobaron el efecto nematostáticos de tártago *(Ricinuscomunis)*utilizando extractos acuosos de frutos verdes y hojas sobre los J2 de Meloidogyneincognita, llegando a un control de hasta el 100%

Regnault et al., (2004), dan a conocer que entre las principales moléculas nematicidas encontradas en el tártago *(Ricinuscommunis)* están la Ricina (Lectina), y afecta la actividad de Meloidogynespp. plantas de ruda poseen ácido antranilico y monoterpenos (limoneno, pineno y cineola). Asi también *Tagetes erecta, T. pastula y T. tenuifolia*, possen derivados del bitienilo y del atertienilo, larvicida y adulticida para diversos nematodos fitoparásitos. La *Crotalariaspectabilis*poseen alcaloides como la Pirolicidina, derivados de la ortonina y monocrotalina, con efecto nematostáticos para *M. incognita*. Hojas de *Nicotina tabacum* poseen Nicotina, que se comporta como una fitoalexina y ejerce actividad larvicida sobre M. incognita.

Otras plantas antagónicas muy estudiadas son los géneros de Tagetes y cosmos, Gallardia, Zinnia (BANO, et al. 1986) y Brassicaceas como el raps*(Brassicanapus L.),* mostaza *(Sinapis alba L)*, rábano forrajero *(Raphanussativus L.)* (HALBRENDT, 1996). Tagctcoopp produoc octorthionyl mientras que crotalariaspp., produce monocrotalina, ambas tienen cualidades nematicidas. Brassicanapus produce glucosinalatos que actúa como nematicida cuando están con la enzima mirosinasa después de incorporar la cosecha (BROWN et al., 1991)

Plantas con propiedades nematicidas son el neem*(Azadiracta indica),* el esparrago *(Asparagusofficinalis,),* menta *(Menthalongifolia L.),* el romero *(Rosmarinuesofficinalis L.)* y la mandioca *(ManihotesculentaKrantz.)* (STELING et al., 2004).

Slomp (2007) compruebael efecto nematicidasde las plantas Tabernaemontana*catharinensis* y *Eclipta alba,* teniendo un efecto de mortalidad superior a *70% en Pratilenchusspp.*

Pino (2010) comprobó el efecto nematicida de extractos de Cola de caballo *(Equisetum arvense),* Hierba *Mora (Solanumnigrum),* frutos de Noni*(Morindacitrifolia)* logrando un alto control en la reducción poblacional de Meloidogynespp. en el cultivo de tomate.

De acuerdo conresultadosobtenidosen experimentos con extractos acuosos de *ruta graveolens, conyzabonariensis, brassicanapus,* e *euphorbiaheterophylla*poseen compuestos nematicidas que actúan sobre *m. incognita,* siendo portanto plantas indicadas para estudios relacionados en el manejo de fitonematodos. (KUHN. 2015)

Según Jacobson (1989), existe en la naturaleza gran cantidad de especies vegetales que pueden usarse para elaborar extractos. Las que podrían dar los mejores resultados en el control de plagas son las familias Meliaceae, Rutaceae, Asteraceae, Malvaceae y Lamiaceae. Además, con estas estrategias se ha logrado bajar los costos de producción y reducir las consecuencias negativas en el ambiente y en el ser humano (REINA et al., 2002).

Sasanelli y Di Vito (1991), dan a conocer que cuando partes de plantas se aplican como extracto acuoso, el efecto nematicida perdura poco tiempo, mientras que cuando se aplican como abono verde el componente nematicida es liberado lentamente y su efecto se prolonga en el tiempo.

Los enormes costos sociales, ambientales, epidemiológicos y económicos que envuelven el uso de insecticidas e nematicidas sintéticos a promovido la investigación multidisciplinar por nuevas alternativas en el control de vectores y plagas agrícolas, como la investigación por nuevos bioinsecticidas y control biológico. (FERRAZ; FREITAS, 2007).

3.3. El cultivo de la zanahoria (*Daucus carota*)

La zanahoria es una planta bienal de estación fría con un crecimiento óptimo entre los 15 °C y 25 °C de temperatura. Durante el primer período de crecimiento, o etapa vegetativa, la planta produce un tallo muy comprimido al ras de suelo y una roseta de hojas, acumulando reservas carbonadas en su raíz hipertrofiada. Luego de un período de vernalización o exposición a bajas temperaturas (entre 0 y 10 °C), hecho que generalmente ocurre durante el invierno, comienza la etapa reproductiva. En la misma se produce la elongación del tallo y la floración, para lo cual la planta utiliza las reservas acumuladas en la raíz, provocando una lignificación y pérdida del valor comercial de la misma.(ALESSANDRO, 2013)

La zanahoria a pesar de ser de invierno tolera un rango amplio de temperaturas, por lo que, su producción en algunas regiones es factible a lo largo del año. Temperaturas diurnas medias entre 15 y 21 °C y noches frescas (7 °C), son favorables para el crecimiento del follaje y de raíces, como también para el buen desarrollo de la forma, sabor y color. La temperatura también influye en la forma, tamaño y calidad de las raíces. A temperaturas medias de 12-13 °C, las raíces tienden a ser relativamente largas y delgadas, mientras que, a 24 °C, son más cortas y más gruesas (GABRIEL, 2013)

El color de las raíces, causado por diversos pigmentos, es una de las principales características que determinan la calidad. Las zanahorias naranjas contienen pigmentos carotenoides y beta caroteno, que funcionan como antioxidantes y además son precursores de la vitamina A (retinol). Cuanto más intensa es la coloración naranja, mayor contenido de carotenos tiene la raíz. La variabilidad existente entre variedades de zanahoria va desde 80 ppm hasta 400 ppm de carotenos. (ALESSANDRO ,2013)

Es un alimento rico principalmente en calcio y beta caroteno, que en el organismo humano es transformado en vitamina A. Además del consumo en forma fresca, puede ser utilizada como materia prima para la industria procesadora de alimentos (CARVALHO et al., 2005).

Como la mayoría de los cultivos hortícolas la zanahoria presenta variados problemas de plagas y enfermedades que afectan la calidad y sanidad de los frutos comerciales, entre ellas los pulgones, ácaros, coleópteros, lepidópteros y nematodos la cual afecta directamente al fruto y le quita valor comercial. (DUGHETTI; LANATI, 2013)

El bifurcado de raíces se relaciona con las condiciones físicas del suelo. Cuando es pesado o está compactado, se favorece la manifestación de esta característica. En estos casos es preferible utilizar raíces más cortas y cónicas. También el bifurcado se lo asocia a problemas sanitarios como nematodos y hongos. (ALESSANDRO, 2013)

Los dos géneros que sobresalen en zanahoria son *Meloidogyne y Ditylenchus*. *Meloidogyne*spp. dentro de este género, son importantes las especies *M. incognita, M. javanica, M. arenaria* y *M. hapla,* los daños se manifiestan por la formación de agallas o nódulos en la zona radical; los nódulos producidos por *M.hapla*son más pequeños y con pelos radicales que nacen de ellos. Las raíces atacadas son más cortas y poseen menos pelos radicales que las sanas, en la parte aérea se produce una disminución del crecimiento, achaparramiento, amarillamiento, marchitamiento y otros síntomas que se asocian con la deficiencia de agua y de nutrientes. (DUGHETTI; LANATI, 2012)

Niveles de tolerancia para *Meloidogyne* spp: en Holanda para *M. hapla*se considera aceptable una densidad de población de hasta 30 juveniles de segundo estadío cada 100mL de suelo. Este nivel es alto comparado con el umbral de tolerancia establecido en Canadá, para la misma especie, que es de 9 juveniles de segundo estadío cada 100mL de suelo. (DUGHETTI; LANATI, 2012)

Algunos productores vinculan las zanahorias que presentan bifurcaciones en la raíz, llamadas vulgarmente "patudas", con la presencia de nematodos, que correspondería a la presencia de nematodos agalladores (*Meloidogyne* y *Nacobbus*). En investigaciones realizada en Mendoza (Argentina) se observó relación entre la presencia de raíces bifurcadas con el ataque de *Meloidogyne* y de *Nacobbus,* conteniendo nematodos en las raíces secundarias de las zanahorias.(DEL TORO; MARTINOTTI, 2013)

Castellanos *et al* (2005) realizaron una experiencia de solarización y de biofumigación en parcelas de campo, en la localidad de Luján de Cuyo. El objetivo fue controlar *Meloidogyne* previo a la siembra y verificar el comportamiento de la nematofauna benéfica. Se evaluaron los siguientes tratamientos: a) suelo desnudo; b) suelo desnudo con agregado de estiércol de vaca fermentado (10 t/ha); c) suelo solarizado con una lámina de polietileno de 50 micrones y d) suelo biofumigado, con agregado de estiércol vacuno y cubierto con plástico. A los 3 meses se levantaron las coberturas plásticas, la evaluación de las poblaciones de *Meloidogyne* y de la nemato fauna benéfica del suelo, se realizó antes y después de finalizados los tratamientos. El mejor tratamiento de control de *Meloidogyne*se logró con el suelo biofumigado (solarización + agregado de estiércol vacuno fresco y cobertura plástica), logrando el 100% de eficacia.

Las variedades más sembradas en Paraguay son Kuroda, Nantes, Ferri, Takii, Brasilia, Shinkuroda. Nuestro país presenta las condiciones agroecológicas favorables para su cultivo, es de ciclo corto, se puede producir durante todo el año, aplicando la tecnología necesaria como combinación de variedades de ciclos cortos y largos, variedades de verano e invierno, sistemas de riegos, y control de plagas y enfermedades. (AYALA, 2009)

IV.   MATERIALES Y MÉTODOS

4.1.   Ubicación

El experimento se realizó en el laboratorio y vivero de la Facultad de Ingeniería Agronómica, ubicada en el Distrito de Minga Guazú, departamento del Alto Paraná, Sobre la ruta N°7 Dr. Gaspar Rodríguez de Francia en el km 17,5. Con coordenadas Latitud Sur 25°29"45", longitud Oeste 54°46"17", a 257 msnm con precipitación anual promedio de 1800 mm

4.2.   Multiplicación y extracción de nematodos

En macetas con suelos infestado con nematodos, fueron sembrados plantas de tomates susceptibles, para la multiplicación se utilizaron 10 macetas con una planta por cada maceta.   A los 45 días se extrajeron las raíces de los tomates y se procederá a la extracción de hembras adultas por el método de licuado y fueron sometidos al método del embudo de Baerman para la extracción de larvas juveniles (J2) Luego fueron puesto en placas de Petri con medio de cultivo (Agar) para mantenerlos vivos.

De aquí fueron utilizados para el laboratorio y seguidamente para el invernadero en macetas con suelo esterilizado con el fin de que solo se tenga la presencia de Meloidogyne y sean infectados por estos.

4.3. Preparación de extractos

Se utilizaron ocho especies de vegetales los órganos utilizados fueron hojas, raíces, flores y frutos, las especies a utilizadas fueron: Cola de caballo *(Equisetum arvense)*; Botón de oro *(Tagete erecta)*;Sapirangy*(Tabernaemontanacatharinensis)*; Ruda *(Ruta graveolens)*; Crotalaria*(Crotalariaspectabilis)*; coniza *(Coniza bonariensis)*; Leucaena*(Leucaenaleucocephala)*; estas especies fueron recogidas en la zona de Minga Guazú y Ciudad del Este, se secaron en bolsas de papel en un lugar seco, sin estar al sol directo, luego se realizó la trituración y preparación del extracto.

Para la preparación se puso a macerar 50gr de los órganos seleccionados de las plantas en 200ml de agua destilada durante 24 horas, luego se trituro con una licuadora por 30 segundo y fue filtrado con un papel filtro N° 1, la suspensión se considerará una solución estándar del 100% según la metodología utilizada por (VINUEZA et al, 2006) se aplicará a dosis iguales para evaluar su efectividad como nematicida.

4.4. Soluciones de extracto

Los tratamientos consistieron en la aplicación de diferentes extractos vegetales, para el control de nematodos en laboratorio e invernadero en macetas, la dosis en laboratorio fue utilizada según la metodología de (VINUEZA et al, 2006) y la de invernadero según (PINO, 2010)

Tabla 1: Dosis de los extractos. FIA-UNE 2018

	Tratamientos	Dosis laboratorio	Dosis invernadero
T1	Testigo: agua destilada	5ml	20ml
T2	Tártago: Hojas y frutos	5ml	20ml
T3	Cola de caballo: Hojas	5ml	20ml
T4	Botón de Oro: Hojas y flores	5ml	20ml
T5	Sapirangy: *Hojas y frutos*	5ml	20ml
T6	Ruda: Hojas	5ml	20ml
T7	Crotoraría: Hojas y frutos	5ml	20ml
T8	Coniza: Hojas y raíces	5ml	20ml
T9	Leucaena: Hojas y flores	5ml	20ml

4.5. Trabajo en laboratorio

Se preparó cajas de Petri donde fueron depositadas en cada una 10 larvas de nematodos J2.

Posteriormente fueron incorporado los extractos con la dosis correspondiente se realizó cuatro repeticiones, con nueve tratamientos, en total se tuvo 36 unidades, luego de 24, 48 y 72 horas se observaron la mortalidad de los nematodos.

El experimento se realizó con un diseño estadístico Completamente al azar, y la comparación de medias se realizó por el test de Duncan.

Los mejores cuatro extractos que presentaron mayor efecto en la mortalidad de los nematodos fueron seleccionados para el experimento en invernadero, los cuales dieron, Tártago, Botón de oro, Ruda y Coniza.

4.6. Trabajo en invernadero

4.6.1. Variedad

La variedad de zanahoria utilizada fue Brasilia, es una variedad que es sembrada todo el año con ciclo que duro 100 días, el tamaño de las raíces alcanzo entre 15 a 16 cm de promedio.

4.6.2. Preparación de macetas

Las macetas consistió en bolsas de plástico color negro de 4 Litros, el suelo que fue utilizado fue una mezcla de arcilloso con arena en relación 2:1, previamente esterilizados en autoclave para su posterior uso a una temperatura de 121°C durante 15 minutos

4.6.3. Siembra de zanahoria

Fue sembrada en la maceta una cantidad de 5 semillas,luego de 15 días se realizó el raleo dejando una sola planta por maceta, previamente regando las macetas a capacidad de campo y la emergencia se completo 10 días después

4.6.4. Inoculación de nematodos

Las macetas fueron inoculadas con una población de 3000 larvas en promedio aproximadamente del estadio larval J2 en cada unidad experimentalpasados los 15 días posterior siembra, fueron puestas con una jeringa alrededor de las plantas equidistantes entre si.

4.6.5. Aplicación de los tratamientos

Se tuvieron 5 tratamientos con 5 repeticiones, incluyendo el testigo totalizando 25 unidades experimentales, 5 días posterior a la inoculación de los nematodos se procedió a aplicar los extractos vegetales esto para que tengan tiempo de adaptación al suelo que estarán infectando.

4.6.6. Diseño experimental

El diseño estadístico que fue utilizado fue completo al azar y para analizar las diferencias se realizó la comparación de medias con el test de Tukey, en estos fueron aplicados para los tratamientos de Botón de oro, Tártago, Ruda y Coniza

4.6.7. Manejo cultural

El cultivo fue puesto bajo invernadero para evitar las inclemencias del tiempo y controlar que las lluvias no excedan y hagan perder los nematodos, se tuvo una aplicación de fungicida con insecticida, metiltiofanato a dosis de 25gr/100L y acetamiprid 30gr/100L. El riego se realizó tres veces por semana con 300ml por planta, sobre las macetas se puso un sustrato para semillero que sirvió para retener la humedad, se tuvo dos aplicaciones de fertilizantes con formulación 15-15-15 un mes después de la emergencia con dosis de 10gr por planta, luego 22 días después otra con 10gr nuevamente, a partir del llenado de raíces se aplicó un fertilizante foliar una vez por semana.

4.6.8. Cosecha y evaluación

La evaluación de la población de nematodos se realizó 70 días después de la inoculación de los nematodos y luego terminado el ciclo de la zanahoria a los 100 días se procedió a cosechar las y evaluar los componentes de rendimientos.

4.7. Variables evaluadas

4.7.1. Población final de nematodos: El número de nematodos del genero *Meloidogynespp* vivos.   Fue realizado 60 días después de la inoculación, se tomaron de cada unidad experimental una muestra de 100gr de suelo; luego a través del método de embudos de Baerman se extrajeron los nematodos y se colocaran en el vidrio de Siracusa con 10ml de solución.

4.7.2. Rendimiento: fue expresado en kilogramos por hectárea

4.7.3. Peso de raíz: fue medido por cada unidad, expresado en gramos y promediando cada tratamiento, se utilizó una balanza digital para pesar las raíces.

4.7.4. Longitud de raíz:fue medido por cada unidad, expresado en centímetros y promediando cada tratamiento, se utilizó una regla midiendo desde el hombro de la raíz hasta la punta.

4.7.5. Ancho de hombro: fue medido por unidad y expresado en centímetros utilizando una regla.

V.   RESULTADOS Y DISCUSION

5.1.   Resultados de laboratorio

En los resultados obtenidos a laboratorio se pudo observar mayor mortalidad de nematodos con el T2 extracto de Tártago con 90% seguido por Botón de oro con 82,5%, Ruda 80% y Coniza con 75%, no se hallaron diferencias significativas entre los tratamientos con Tártago, Botón de oro y Ruda, si entre el Tártago y Coniza, los cuatro extractos que causaron mayor mortalidad fueron utilizadas posteriormente en el trabajo a invernadero

Tabla 2. Resultados a Laboratorio de mortalidad de nematodos. FIA-UNE. 2018

	TRATAMIENTOS	% de mortalidad	
T2	Tártago: *Hojas y frutos*	90	A
T4	Botón de Oro: *Hojas y flores*	82.5	AB
T6	Ruda: *Hojas*	80	AB
T8	Coniza: *Hojas y raíces*	75	BC
T9	Leucaena: *Hojas y flores*	67.5	CD
T3	Cola de caballo: *Hojas*	62.5	DE
T7	Crotoraría: Hojas y frutos	55	EF
T5	Sapirangy: *Hojas y frutos*	50	F
T1	Testigo: *agua destilada*	5	G

*Letras iguales no presentan diferencias significativas con Tukey al 5%

Vinueza, (2006), determino la mortalidad de Juveniles J2 de Meloidogyne con extracto de tártago llegando a 100% de control, por su parteArboleda et al (2012) determino una mortalidad de 89% de nematodos en condiciones invitro con extracto de Tártago e identificando la presencia del albuminas y ricinas que probablemente influyo en la mortalidad de los nematodos, estos resultados se aproximan a los encontrados en el trabajo.

Kuhn et al (2015) analizaron la mortalidad con extractos de Ruda y Coniza en laboratorio arrojando 90% y 93% respectivamente, los resultados obtenidos se acercan a los realizados en este trabajo de investigación, comprobando así su eficiencia para el control de nematodos.

Solano et al (2013) comprobó el efecto de Botón de Oro sobre la mortalidad de Meloidogyne spp, y afirma que a mayores concentraciones del extracto se tiene mejores resultados, el botón de oro produce tiofenos, compuestos poliacetilénicos que poseen una fuerte actividad biocida, por lo que son muy eficaces para la supresión de poblaciones de nematodos en el suelo (MAROTTI *et al.*, 2010)

5.2. Resultados de invernadero

En la reducción de la población se determinó que el T3 Botón de oro tuvo la mayor disminución de población inicial llegando a 2224 nematodos, seguido del T2; Tártago con 3240, T4; Ruda con 3416, T5; Coniza 4360 y el Testigo con 5920, en relación al testigo y los tratamientos se detectaron diferencias significativas, con relación a la Coniza, ruda, tártago entre estos no se detectaron diferencias significativas, si con el Botón de oro y los otros tratamientos, el cual fue el único que redujo la población inicial, se puede afirmar que el uso de extractos vegetales influye en la reducción de población de nematodos en el suelo.

Tabla 3. Resultados a invernadero de reducción de población. FIA-UNE 2018

	Tratamiento	Población final	
T1	Testigo	5920	A
T5	Coniza	4384	B
T4	Ruda	3416	BC
T2	Tártago	3240	BC
T3	Botón de oro	2224	C

*Letras iguales no presentan diferencias significativas con Tukey al 5%

Steling et al (2004) evaluaron el uso de Ruda triturada en mezcla con el suelo para el control de *Meloidogyneincongnita* en pepino, la población se redujo significativamente con el aumento de la dosis de Ruda, la mortalidad podría deberse a la Rutina un flavonoide que contiene la planta.

Mancilla (2017) comprobó la efectividad de extractos de Ruda y Tártago para el control de agallas en la raíz en Café *(Coffeaarabica)*bajo invernadero de los cuales obtuvo resultados significativos sobre el control de M*eloidogynespp.*

De acuerdo a experimentos realizados por Kuhn et al. (2015)extractos de Ruda y Coniza redujeron significativamente la población de *Meloidogynespp* y índice de agallas en el cultivo de tomate.

Giesbrecht; Aquino. 2008 determinaron una reducción de significativa de la población de nematodos con la aplicación de torta de tártago mezclados al suelo a dosis de 8kg/m2, efectuando mayor mortalidad en el género *Helicotylunchusspp,* y en menor proporción a *Meloidogynespp.*

Las referencias citadas no coinciden con el trabajo hecho en cuanto a Ruda, Coniza y Tártago ya que estos extractos no redujeron la población, pero en comparación con el testigo tuvo mayor control, en cuanto al Botón de oro si coinciden por lograr controlar la población final

Solano et al (2013) comprobaron la reducción de la población de *Meloidogyneincognita* en el suelo en el cultivo de Tomate con la aplicación de extractos de Botón de Oro obteniendo resultados significativos en comparación al testigo sin control, esta especie imposibilitan completar el ciclo de vida de *Meloidogyne*spp. y su capacidad de producir huevos es nula o escasa

Álvarez et al (2015) evaluaron la supresión de Meloidogynespp con extracto de Botón de oro en Juveniles J2 con el cultivo de Lulo (*Solanumquitoense*Lam.) e identificaron mediante analisiscromatografíco de gas vinculado a espectrometría de masas (CG-MS) identificaron tres compuestos principales mayoritarios en el aceite esencial de *Tageteszipaquirensis*: dihidrotagetona, E-tagetona y Trans-ocimenona, estos compuestos podrían ser los que afectan la actividad de nematodos del suelo y hacen que se reduzca su población.

5.3. Rendimiento y componentes de rendimiento

Los resultados de rendimiento arrojaron resultados entre 9000 kg/ha, Tártago y 23300kg/ha con Ruda determinando por el análisis de diferencias de media Tukey al 5% que no hubo diferencias estadísticamente significativas. Tabla 4

Los resultados de los componentes de rendimiento arrojaron al T4; Ruda como mejor tanto como en el peso 23,2 gr, largo 16,4 cm y ancho de hombro 1,9 cm.Seguido del Testigo T1 con 23gr de peso, 15, 4 cm largo y 1,6 cm ancho de hombro; T5 coniza con 15,8gr de peso, 16 cm largo y 1,3 cm ancho de hombro; T3 Botón de Oro, 15,6 gr peso, 16,2 cm largo y 1,3 cm ancho de hombro y por último el T2 Tártago con 9gr de peso de raíz, 15,6 cm largo y 1 cm ancho de hombro. Los resultados obtenidos de los componentes de rendimiento con tuvieron diferencias estadísticamente significativas con Tukey al 5%

Tabla 4. Resultados de rendimiento y componentes de rendimiento. FIA-UNE 2018

Tratamientos	Peso (gr)		Largo (cm)		Ancho (cm)		Rendimiento Kg/ha	
T4 Ruda	23,2	A	16,4	A	1,9	A	23200	A
T1 Testigo	20,5	A	15,4	A	1,6	A	20500	A
T5 Coniza	15,8	A	16	A	1,3	A	15800	A
T3 Botón de oro	15,6	A	16,2	A	1,3	A	15600	A
T2 Tártago	9	A	15,6	A	1	A	9000	A

*Letras iguales no presentan diferencias significativas con Tukey al 5%

Numéricamente se encuentra diferencias en el rendimiento teniendo a la Ruda con mayor valor seguidos del testigo, coniza, botón de oro y tártago, existe la posibilidad que los extractos ayuden a mejorar el rendimiento, en este caso no se encontraron diferencias estadísticamente significativas entre todos los tratamientos tanto en rendimiento y sus componentes

En trabajo realizados por Steling et al (2004), utilizando Ruda de manera triturada para el control de Meloidogyneincognita en pepino, encontró respuestas en el rendimiento y componentes como peso de raíz y peso de hojas, existe la probabilidad que la descomposición de la ruda provea de nutrientes para su crecimiento y desarrollo.

VI.   RECOMENDACION

- ➢ Estudiar los extractos utilizados en invernadero con diferentes dosis y frecuencias de aplicaciones

- ➢ Realizar trabajos con otros cultivos con aplicación de los mismos extractos

- ➢ Llevar el experimento a campo con suelo infestado de nematodos y realizar a identificación de cuáles son los géneros que controlan los extractos

- ➢ Realizar mezclas de extractos para probar su interacción y efectos que puedan causar entre sí a los nematodos y la planta

- ➢ Estudiar al botón de oro con mezclas trituradas y extracto en el suelo

VII. CONCLUSION

El trabajo a laboratorio tuvo al Tártago con mayor mortalidad de nematodos seguidos del Botón de oro, Ruda y Coniza, los primeros tres no difieren estadísticamente entre sí, pero si la coniza en relación al tártago se halla diferencias significativas

La reducción de población de *Meloidogyne spp.* en invernadero tuvo al Botón de Oro como mayor reductor, seguido del Tártago, Ruda y Coniza todos causan un efecto sobre la población y difieren estadísticamente comparados al testigo, la diferencia podría darse por los distintos compuestos que tienen los extractos y estos dan distintas respuestas de control.

El Rendimiento de la zanahoria no tuvo diferencias estadísticamente significativas entre tratamientos, pero si una mayor respuesta para el tratamiento aplicado con extracto de Ruda que según referencias pudiera deberse a la descomposición de nutrientes de la planta que proveyó de nutrientes a la planta, además que los tratados con extractos tuvieron mejor calidad comparados con el testigo por no presentar agallas en las raíces.

VIII. REFERENCIAS BIBLIOGRÁFICAS

ABALLAY E, E. 2005. Uso de plantas antagónicas para el control de nematodos fitoparásitos en vides (en línea). Chile. Consultado el 05 de abril de 2007.
Disponible http://mazinger.sisib.uchile.dlrepositorio/lb/ciencias_agronomicas montealegre_i/ 19.html

ALESSANDRO, MARIA SOLEDAD. 2013. Características botánicas y tipos varietales. INTA 1:27-46
https://inta.gob.ar/sites/default/files/script-tmp-inta_-
_cap_2__caractersticas_botnicas_y_tipos_varieta.pdf

ÁLVAREZ S, DAVID EDUARDO; BOTINA J, JENNIFER ALEIDA.; ORTIZ C, ABNER JARMINTON.; BOTINA J, LORENA LISBETD.   2015. Evaluación
nematicida del aceite esencial de *Tagateszypaquirensis*en el manejo del nematodo*Meloidogyne*spp. Pasto (Col) Rev. Cienc. Agr. 33(1): 22-33.

AYALA, NESTOR. 2009. Situación actual y perspectiva de productos, zanahoria. MINISTERIO DE AGRICULTURA Y GANADERÍA Dirección de Comercialización, Departamento de Asesoría en Mercadeo. San Lorenzo Paraguay. 318-331

ARBOLEDA, FRANCISCO DE JESÚS; GUZMAN, ÓSCAR ADRIÁN; MEJÍA, LUÍS FERNANDO. 2012. Efecto de extractos cetónicos de higuerilla (*ricinuscommunis*linneo.) sobre el nematodo barrenador *radopholus similis*(cobb) en condiciones *in vitro*

BANO, M., S. ANVER, S. TIYAGI, A. Y ALAM. M. M. 1986. Evaluationof nematicidalpropertiesofsomemembersofthefamilyCompositae. Int. Nematol.Network Newsl. 3: 10

BROWN, P. D.; MORRA, M. J. 1997. Control ofsoil borne plantpestusing glucosinatecontaningplants. Advances in Agronomy, 61:167-215.

CARRANZA GONZALEZ, ALEJANDRO ENRIQUE. 2004. Evaluación de tres productosbotanicos (*crotalarialongirostrata, tagetestenuifolia*y *asparagusofficinalis*) y dos concentraciones para control del nematodo *meloidogynesp.* en el cultivo de zanahoria (*daucus carota)*; a nivel de invernadero.   Tesis de Grado Universidad de San Carlos de Guatemala. 74p

CARVALHO J., UTUMI M., VIEIRA J., 2005. Avallacáo de genótipos de cenoura nareqiáo de cerrado pré-Amazónico. Disponible en: http//:www.abhorticultuara.com.br./Biblioteca

CAMPOS, H., N. LIZAMA, y M.G..MARQUEZ. 1994. Determinación cualitativa del contenido de glucosinolatos en semillas de rábanos (*Brassicanapus* L.) a través de glucocinta. Agricultura Técnica (Chile) 54:318-322.

CASTELLANOS, S.J.; M.S. DEL TORO; C. LINARDELLI; J. LARRIQUETA; V. CIARDULLO; C. PUGLIA; A. TARQUINI; E. MOYANO; C. BUSTAMANTE Y S. ECHEVARRÍA. 2005. Efectos de la solarización sobre el control de nematodos en suelos hortícolas de la región de Luján de Cuyo, Mendoza, Argentina". XXXVII Reunión Anual de la Organización de Nematólogos de los Trópicos Americanos. Viña del Mar, Chile. 16p

DEL TORO, MARTA SUSANA; MARTINOTTI, MARCELO DIEGO. 2013
Nematodos fitoparásitos en el cultivo de zanahoria. INTA. 1: 137-152
https://inta.gob.ar/sites/default/files/script-tmp-inta_-
_cap_6__plagas_de_la_zanahoria_y_su_manejo.pdf

DUGHETTI, ARTURO C.; LANATI, SILVIO. 2013. Plagas de la zanahoria y su
manejo. INTA. 1: 109-152

FERRAZ, S; FREITAS, L. G. O. Controle de Fitonematóides por Plantas
AntagonistasProdutosNaturais. Disponible en<www.ufv.br>. Acessadaem
05/01/2018.

GABRIEL, ERNESTO L. 2013. Implantación y manejo del cultivo. INTA.1:47- 69
https://inta.gob.ar/sites/default/files/script-tmp-inta_-
_cap_3__implantacin_y_manejo_del_cultivo.pdf

GAVIOLA, JULIO CÉSAR. 2013. Manual de producción de zanahoria. - 1a ed.
Buenos Aires: Ediciones INTA. 207p.
https://inta.gob.ar/sites/default/files/script-tmp-inta_-_prlogo_e_ndice.pdf

GIESBRECHT HARDER, SR; AQUINO JARA, A. S. 2008. Control
Alternativo de nematodos en el cultivo de Tomate (Lycopersicon
esculentum mil.) en condiciones de invernadero. Investigación
Agraria Vol 11 N°1 29-35. San Lorenzo (Par).

GONZÁLEZ, K., CROZZOLI, R. Y GRECO, N. 2001. Utilización de enmiendas
orgánicas en el control de *Meloidogyneincognita*. Nematol. medit. 29: 41-
45.

GUZMÁN P, O; CASTAÑO. Z, J; VILLEGAS. E, B. 2009. Principales nematodos
fitoparásitos y síntomas ocasionados en cultivos de importancia
económica. Revista de Agronomía. 125 p.

HALBRENDT, J. M. 1996. Allelopathy in themanagementofplant- parasitic
nematodes. JournalofNematology 28: 8-14

JACOBSON, M. 1989. Botanicalpesticides: Past, present and future. Pp. 1-10.
En: Arnason, J. T., B. J. R. Philogene y P. Morand (eds). Insecticidesof
plantorigin. ACS Symposium Series 1989.387 p.

JENKINGS, W. and TAYLOR.1967. Plant, Nematology. Reinhold Publishing
Corporation, New York. 270p. KARSSEN, G. and MOENS, M. 2006.
Rootknotnematodes. En: PlantNematology (R.N. Perry, M. Moens, eds.).
PlantNematology.CABI publishing, Wallingford, U.K., pp. 59-90.

KARSSEN, G.; MOENS, M. 2006.Rootknotnematodes. En: PlantNematology
(R.N. Perry, M. Moens, eds.). PlantNematology. CABI publishing,
Wallingford, U.K., p. 59-90.

KUHN, P. R., C, BELLÉ, M. REINEHR, AND S. M. KULCZYNSKI.2015.
Extractos aquosos de plantas daninhas, aromáticas e oleaginosa no
controle de *Meloidogyneincognita*. Nematropica 45:150-157

MANI, A. AND CHITRA, K. 1989.Toxicityofcertainplantextractsto
Meloidogyne incognita.Nematol.medit. 17: 43-44.

MAROTTI, I; M. MAROTTI; R. PICCAGLIA; A. NASTRI; S. GRANDI; G.
DINELLI. 2010. Thiopheneoccurrence in differentTagetes
species.JournaloftheScienceofFood and
Agriculture90(7):1210-1217,

MANCILLA ROLDAN, PAULA ANDREA. 2017.Evaluación de la eficiencia de
algunos extractos vegetales en el control de *(meloidogyne exigua)* sobre
plántulas de café *(coffea arábica)* en condiciones de casa de malla.
Trabajo de grado.Universidad de Ciencias Aplicadas y Ambientales –
U.D.C.A Bogotá (Col). 80p

MINISTERIO DE AGRICULTURA Y GANADERIA. 2016. Síntesis estadísticas
producción agropecuaria año agrícola 2015/2016.
Dpto.Estadísticas/DCEA. San Lorenzo, Paraguay. 37p

.

MOENS, M., R. N. PERRY, AND J. L. STARR.2009. Meloidogynespecies – a
diversegroupof novel and importantplant parasites. Pp. 1-13 in R. N.
Perry, M. Moens, and J. L. Starr (eds.) Root- KnotNematodes.
Wallingford: CABI.

NARREA CANGO, MONICA. 2012. Manejo integrado de plagas en el cultivo de
zanahoria. UNALM. Sicaya, Perú. 20p

NEVES, W. S., L. G. FREITAS, R. DALLEMOLE-GIARETTA, C. F. S. FABRY,
M. M. COUTINHO, O. D. DHINGRA, S. FERRAZ, AND A. J. DEMUNER.
2005. Atividade de extratos de alho (*Alliumsativum*), mostarda (*Brassica
campestris*), e pimenta malagueta (*Capsicumfrutensens*) sobre a eclosão
dejuvenis de *Meloidogyneincognita*. Nematologia Brasileira 29:273-278.

PEDROZO, LIDIA; GUILLÉN, ALFREDO; TRABUCO, ZULLY. 2008.
Nematodos del cultivo de soja en Paraguay. y. - Caacupé, Paraguay:
MAG-DIA-IAN/INBIO. 34p.

PINO MELENDEZ, VANESSA ELIZABETH. 2010. Efectos de extractos
vegetales en la reducción poblacional de Meloidogynespp., Rotylenchus
reniformis y pratylenchusspp., en tomate (LycopersicomsculentumMill).
Tesis de grado Ingeniería Agropecuaria. Universidad Técnica de
Babahoyos. Facultad de Ciencias Agropecuarias. Los Ríos, Ecuador. 99p.

REGNAULT, R. C., BERNARD J. R., CHARLES VICENT. 2004. Plantas
nematicidas y plantas resistentes a los nematodos. Biopesticidas de
origen vegetal. P 191-234

REINA, Y.; CROZZOLI, R.; GRECO, N. 2002. Efecto nematicida del extracto
acuoso de hojas de algodón de seda (Calotropis procera) sobre diferentes
especies de nematodos fitoparasíticos. Fitopatología Venezolana. 15: 44-
49

SÁNCHEZ, V. 2004. Utilización del algodón de seda (*Calotropis procera*)
aplicado como abono verde, para el control del nematodo *Meloidogyne
incognita*. Trabajo de grado, Maracay, Venezuela. Universidad Central de
Venezuela, Facultad de agronomía. 62 p.

SASANELLI, N.; Di VITO, M. 1991. TheeffectofTagetes spp. Extractsonthe
hatchingof and ItalianpopulationofGloboderarostochiensis.
Hematología mediterránea 19: 135

SHURTLEFF, M. C;AVERRE,C. W. *2002.* DiagnosingPlantDiseases Cause
byNematodes, American PhytopathologicalSociety. vi+187 pp. St Paul,
Minnesota: APS. JornalofAgriculturalScienceVolume 138, Issue 4pp. 459-
461

SLOMP, LIEGE, 2007. Prospecção de ExtratosEtanólicos de Plantas
Medicinaisna Busca por Nematicidas. Tesis presentada al curso de
Biotecnologia de la Universidad de RibeirãoPreto para la obtención do
Título de Master en Biotecnología. Sao Paulo, Brasil. 54p.

SOLANO CASTILLO, TULIO F; AGURTO CÓRDOVA, GUIDO B; QUEZADA
ZAPATA, CRISTIAN R., RUIZ TOLEDO JEAMEL; DEL POZO NÚÑEZ,
ELIO M. 2013. Efecto de extractos de *Tagetes*spp. y*Melia
azedarach*L. sobre el nematodo M*eloidogyneincognita*(Kofoid and
White) Chitwood. Centro Agrícola, 40(4): 87-93; Loja (Ecu)

STELING, JONATHAN; CORREA, VICTOR; VIERA, JUAN DIEGO;
CORDOVA, DAVID; CROZZOLI, RENATO; PERICHI,
GUILLERMO; CRECO NICOLA. 2004. Uso de Ruda (Ruta
Gravelens) para el control del nematodo agallador, Meloidogyne
incognita en Pepino. Maracay (Ven). Fitopato. Venez. 17: 26-28.

TAYLOR, A. y SASSER, J. 1983. Biología, identificación y control de los
nemátodos de nódulo de la raíz. Raleigh, USA. Universidad del Estado de
Carolina del Norte. 111 p.

TRIVIÑO, G. C. 2004. Tecnología biológica para el manejo del nematodo
agallador de raíces Meloidogynespp. en tomate. Boletín técnico N° 109.
Estación Experimental Boliche, Guayaquil, Ecuado. 15p

VINUEZA, S., CROZZOLI, R. Y PERICHI, G. 2006. Evaluación *in vitro* de
extractos acuosos de plantas para el control del nematodo agallador
Meloidogyneincognita. Fitopatol. Venez. 19:26-31.

VOLCY, C. 1998. Nematodos: Diversidad y parasitismo en plantas. Universidad
Nacional de Colombia, Medellín. 1998. 182p.

ANEXOS

Anexo 1: Diseño para laboratorio

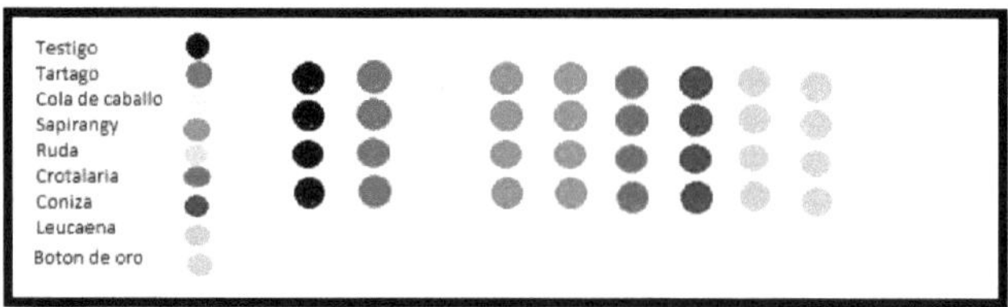

Anexo 2: Diseño para invernadero en maceta

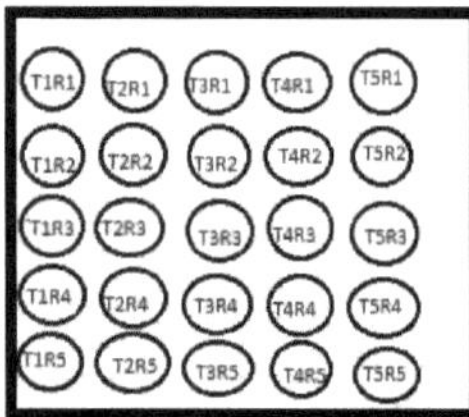

Anexo 3. Formula de porcentaje de mortalidad de nematodos

Fórmula para evaluar el porcentaje de nematodos muertos
% de nematodos muertos = 10 - NV x 10
*NV: Nematodos vivos

Anexo 4. Cuadro de Anava de porcentaje de mortalidad en laboratorio

```
         Variable              N    R²   R² Aj   CV
PORCENTAJE DE MORTALIDAD 36  0,92   0,90  12,68

Cuadro de Análisis de la Varianza (SC tipo III)
  F.V.        SC      gl    CM      F     p-valor
Modelo     20638,89   8  2579,86  40,38 <0,0001
EXTRACTOS  20638,89   8  2579,86  40,38 <0,0001
Error       1725,00  27    63,89
Total      22363,89  35
```

Anexo 5. Cuadro de Anava de Reducción de población en invernadero

```
   Variable       N    R²   R² Aj   CV
POBLACION FINAL 25  0,76   0,72  20,14

Cuadro de Análisis de la Varianza (SC tipo III)
  F.V.          SC       gl      CM        F    p-valor
Modelo     38867584,00   4  9716896,00  16,27 <0,0001
EXTRACTOS  38867584,00   4  9716896,00  16,27 <0,0001
Error      11944960,00  20   597248,00
Total      50812544,00  24
```

Anexo 6. Cuadro de Anava de Rendimiento

```
    Variable        N    R²   R² Aj   CV
RENDIMIENTOS KG/HAS 25  0,31   0,18  47,87

Cuadro de Análisis de la Varianza (SC tipo III)
  F.V.          SC       gl      CM        F    p-valor
Modelo     591862400,00   4  147965600,00 2,28  0,0966
EXTRACTOS  591862400,00   4  147965600,00 2,28  0,0966
Error     1298372000,00  20   64918600,00
Total     1890234400,00  24
```

Anexo 7. Cuadro de Anava de Peso de raíz

```
      Variable           N    R²   R² Aj   CV
PESO DE FRUTO (Gr) 25 0,31   0,18 47,87

Cuadro de Análisis de la Varianza (SC tipo III)
  F.V.         SC     gl    CM      F    p-valor
Modelo       591,86   4  147,97  2,28   0,0966
EXTRACTOS    591,86   4  147,97  2,28   0,0966
Error       1298,37  20   64,92
Total       1890,23  24
```

Anexo 8. Cuadro de Anava de Largo de raíz

```
 Variable   N    R²   R² Aj   CV
LARGO (CM) 25 0,05   0,00 11,78

Cuadro de Análisis de la Varianza (SC tipo III)
  F.V.         SC    gl   CM     F    p-valor
Modelo        3,44   4 0,86  0,24   0,9097
EXTRACTOS     3,44   4 0,86  0,24   0,9097
Error        70,40  20 3,52
Total        73,84  24
```

Anexo 9. Cuadro de Anava de ancho de hombro

```
      Variable            N    R²   R² Aj   CV
ANCHO DE HOMBRO (CM) 25 0,31   0,17 34,16

Cuadro de Análisis de la Varianza (SC tipo III)
  F.V.        SC    gl   CM     F    p-valor
Modelo       2,16   4 0,54 2,20   0,1061
EXTRACTOS    2,16   4 0,54 2,20   0,1061
Error        4,92  20 0,25
Total        7,08  24
```

Anexo 10. Fotografías del experimento

Foto 1. Multiplicación de nematodos con plantas de tomates

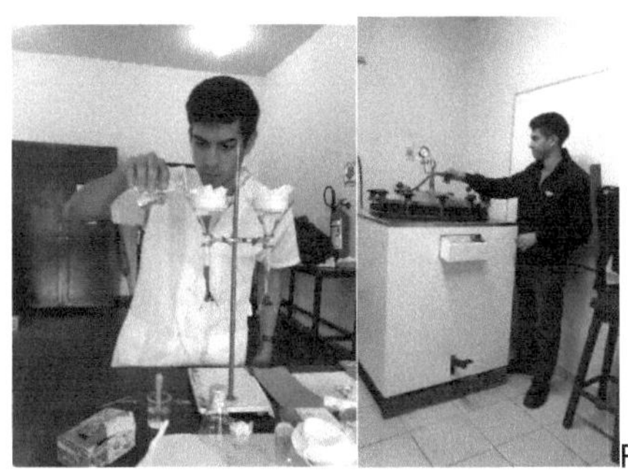

Foto 3. Esterilización de suelo

Foto 2. Análisis de presencia de nematodos

Foto 4. Extracción de Meloidogyne spp   Foto 5. Preparación de extractos

Foto 6. Preparación de macetas

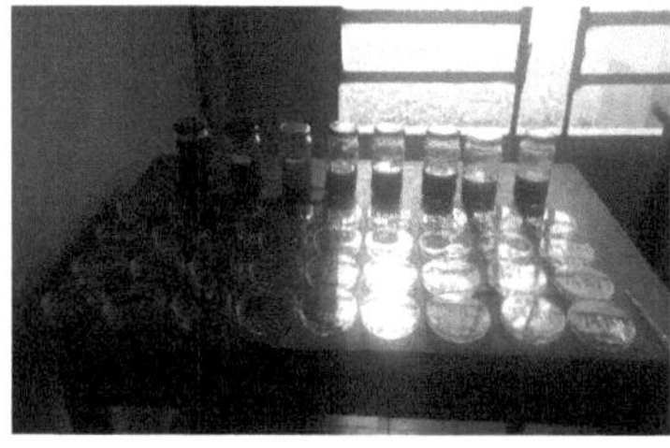

Foto 7. Experimento a laboratorio

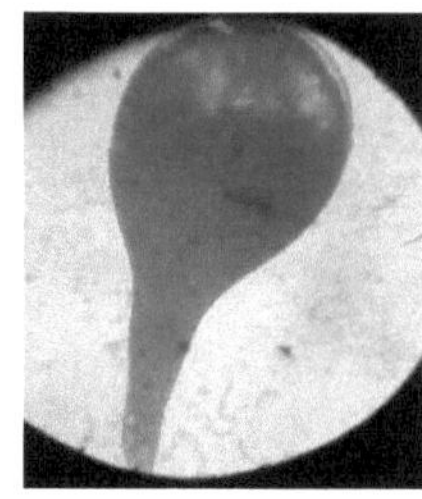

Foto 8. Contaje de nematodos

Foto 8. Aplicación de nematodos

Foto 9 Aplicación de extractos

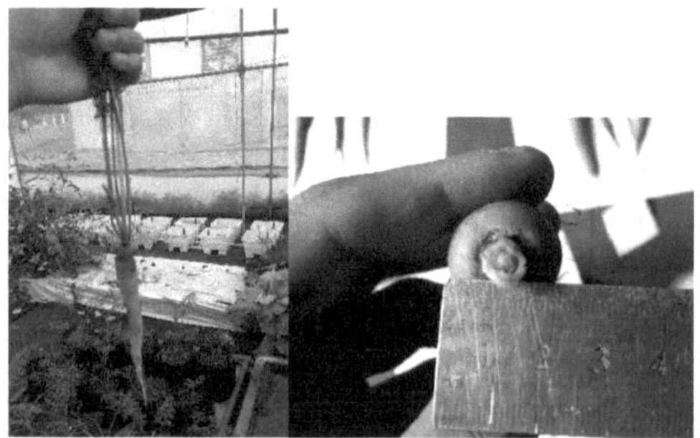

Foto 10. Cosecha   Foto 11. Evaluación de variables

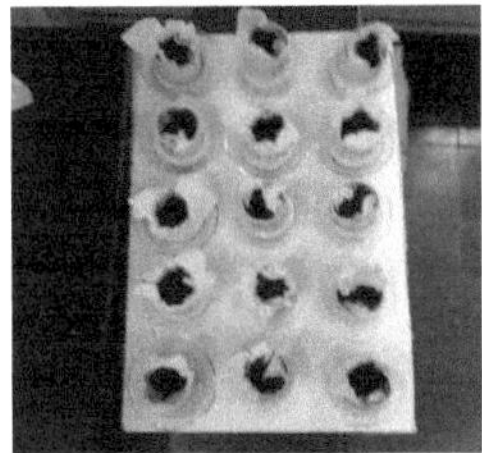

Foto 12. Determinación final de población

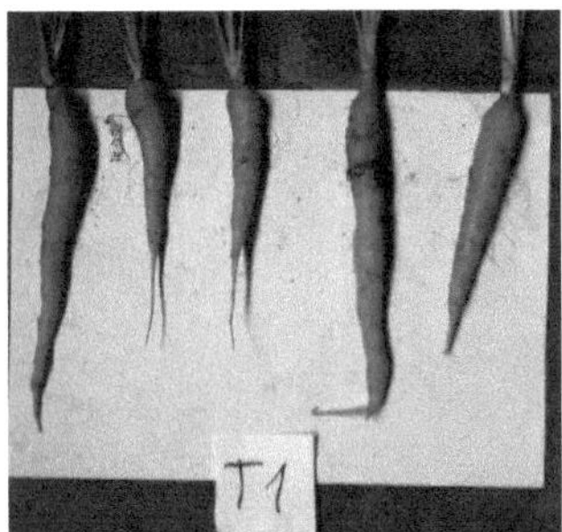

Foto 13. Determinación de variables de la raíz

Printed by Books on Demand GmbH, Norderstedt / Germany